Bibliografische Information der Deutschen Nationalbibliothek:

Die Deutsche Bibliothek verzeichnet diese Publikation in der Deutschen National-
bibliografie; detaillierte bibliografische Daten sind im Internet über http://dnb.d-
nb.de/ abrufbar.

Impressum:

Copyright © 2016 GRIN Verlag, Open Publishing GmbH
Druck und Bindung: Books on Demand GmbH, Norderstedt Germany
ISBN: 978-3-668-19917-0

Dieses Buch bei GRIN:

http://www.grin.com/de/e-book/320444/fracking-zukunftsperspektive-oder-
umweltkatastrophe

Nikolaus Schmölz

Fracking. Zukunftsperspektive oder Umweltkatastrophe?

GRIN Verlag

Fracking

Zukunftsperspektive oder Umweltkatastrophe

Vorwissenschaftliche Arbeit verfasst von **Nikolaus Schmölz**

Abstract

In der folgenden Arbeit „Fracking - Zukunftsperspektive oder Umweltkatastrophe" möchte ich zeigen, was Fracking ist, wie es funktioniert und warum diese Fördermethode zurzeit so gefragt ist. Vor allem möchte ich die politischen und wirtschaftlichen Faktoren des Hydraulic Fracturings sowie die Auswirkungen auf die Umwelt thematisieren. Ich will zusätzlich auch einen groben Überblick darüber geben, wo Fracking auf dieser Welt bereits eingesetzt wird. Ein wichtiger Punkt meiner Arbeit wird die derzeitige Situation in Österreich sein. Wird Fracking in Österreich angewendet? Gäbe es überhaupt eine Möglichkeit dafür in Österreich? Und was würde Fracking für die österreichische Wirtschaft bedeuten? Ich möchte mit dieser Literaturarbeit zeigen, vor welchen Problemen wir in den westlichen Industrieländern heute stehen. Einerseits will man gute Energieversorgung, wirtschaftliches Wachstum und Wohlstand erreichen, andererseits will man die Erde ökologisch und nachhaltig nutzen.

Inhalt

1 Einleitung

Fracking ist zurzeit eines der brisantesten Themen sowohl politisch und wirtschaftlich als auch umwelttechnisch. Ich möchte in dieser Arbeit diese Faktoren beleuchten und einen Überblick über diese umstrittene Fördermethode geben.

Zunächst werde ich erklären, was Fracking ist, wie es funktioniert und seine Auswirkungen auf die Umwelt darlegen. Neben den chemischen Aspekten werden die wirtschaftlichen und politischen Auswirkungen zwei wichtige Punkte darstellen. Zudem möchte ich einen Überblick über die Fracking-Gebiete weltweit geben. Ein Schwerpunkt meiner Arbeit wird die Fracking–Situation in Österreich sein. Ich möchte zeigen, ob Fracking eine Zukunftsperspektive für die Wirtschaft beziehungsweise für unsere Energieversorgung darstellt, und mit welchen umwelttechnischen Konsequenzen man rechnen muss.

Das Buch „Fracking – Eine neue Produktionsgeografie", welches 2014 erschienen ist, gibt eine gute Einführung in das Thema, bespricht die wichtigsten Faktoren der Fördermethode und belegt dies mit Zahlen und Fakten aus Chemie, Politik und Wirtschaft. Zudem arbeite ich mit Internetquellen um möglichst aktuelle Informationen und Beispiele einbringen zu können.

2 Was ist Fracking und wie funktioniert es?

2.1 Was ist Fracking?

Hydraulic Fracturing (hydraulisches Aufbrechen), allgemein als Fracking bezeichnet, ist eine Fördertechnik, die mit Hilfe von Hydraulik (der Bewegung von Flüssigkeit) bislang nicht erreichbares und kilometertief in Schiefergestein gelagertes Erdöl und Erdgas, sogenannte unkonventionelle Ressourcen, zu Tage bringt.

Dieses Verfahren ist aufgrund von Langzeit-Umweltschäden, wie zum Beispiel Grundwasserverseuchung, und wegen des sehr hohen Wasserverbrauches stark umstritten und auch in einigen Ländern verboten.

Fracking ist schon über 60 Jahre alt, zum ersten Mal wurde diese Methode 1947 in Amerika angewendet. Dennoch wird Hydraulic Fracturing immer wieder als neu bezeichnet, da diese

Fördertechnologie, aufgrund von fortgeschrittener und mittlerweile kostengünstiger Technik, in den letzten 15 Jahren einen neuen Boom erlebt.

2.2 Wie funktioniert Fracking?

Man beginnt wie bei einer konventionellen Förderung mit einer Vertikalbohrung und dringt bis zur Zielgesteinsschicht vor. Hier endet eine konventionelle Bohrung. Bei Fracking dreht sich der Bohrer um 90 Grad und arbeitet sich horizontal in das gashaltige Gestein. Anschließend wird die Hydraulic Fracturing Flüssigkeit, auch Fracfluid genannt, mit mehreren hundert Bar durch das Bohrloch gepumpt um das Gestein aufzubrechen.[1] Man unterscheidet zwischen dem schaumbasierten beziehungsweise gelbasierten Fluid und dem Slickwater Fluid.

Das gelbasierte Fluid ist eine hochviskose (die Viskosität ist ein Maß für die Zähflüssigkeit eines Fluids) Flüssigkeit, welche sich aus, Wasser, den Stützmitteln Sand und Keramikkügelchen, den sogenannten Proppants,   sowie Additiven zusammensetzt. Die Aufgabe der Proppants ist es, die durch die Hydraulik erzeugten Risse offen zu halten. Diese Flüssigkeit wird vor allem bei Sandsteinlagerstätten eingesetzt.

Das Slickwater Fluid, welches durch Zugabe von Reibungsminderer fließfähig und somit niedrigviskos gemacht wird, setzt sich zusammen aus: 98% - 99,5% Wasser, 1% - 1,9% Stützmitteln und weniger als 1% Additiven. Dieses Fluid wird bei Fracks in Tongestein verwendet.

Additive sind Zusatz- beziehungsweise Hilfsstoffe mit bestimmten Eigenschaften und Wirkungsweisen, die beim Fracking eine große Rolle spielen. Wann diese und wieviel von diesen Additiven eingesetzt werden ist ein gut gehütetes Betriebsgeheimnis des jeweiligen Unternehmens. Lediglich der zuständigen Behörde muss die Zusammensetzung bekannt gegeben werden.[2]Hier ist eine Tabelle mit Beispielen von möglichen Additiven und ihren Einsatzzwecken:

---

[1] vgl. Christiane Habrich-Böcker, Beate Charlotte Kirchner, Peter Weißenberg, Fracking – Die neue Produktionsgeografie; Springer-Gabler Verlag 2014; Seite 11f
[2] vgl.https://de.wikipedia.org/wiki/Hydraulic_Fracturing (Zugegriffen10.9.2015)

ADDITIVE	EINSATZZWECK
Stützmittel (Proppant)	Offenhaltung der beim Fracking erzeugten Risse im Gestein
Ablagerungshemmer (Scale Inhibitor)	Verhinderung der Ablagerung von schwer löslichen Ausfällungen, wie Karbonaten und Sulfaten
Biozid (Biocid)	Verhinderung des Bakterienwachstums, Vermeidung von Biofilmen, Verhinderung von Schwefelwasserstoffbildung durch sulfatreduzierende Bakterien
Eisenfällungskontrolle (Iron Control)	Verhinderung von Eisenoxid-Ausfällungen
Gelbinder (Gelling Agents)	Verbesserung des Stützmitteltransports
ADDITIVE	EINSATZZWECK
Hochtemperaturstabilisator (Temperature Stabilizer)	Verhinderung der vorzeitigen Zersetzung des Gels bei hoher Temperatur im Zielhorizont
Kettenbrecher (Breaker)	Verringerung der Viskosität gelhaltiger Frack-Fluide zur Ablagerung des Stützmittels
Korrosionsschutzmittel (Corrosion Inhibitor)	Schutz vor Anlagenkorrosion
Lösungsmittel	Verbesserung der Löslichkeit der Additive
pH – Regulatoren und Puffer (pH – Control)	pH-Wert-Einstellung des Frack-Fluids
Quervernetzer (Crosslinker)	Erhöhung der Viskosität bei erhöhter Temperatur zur Verbesserung des Stützmitteltransports
Reibungsminderer (Friction Reducer)	Verringerung der Reibung innerhalb der Frack-Fluide
Säuren (Acids)	Vorbehandlung und Reinigung der perforierten Abschnitte der Bohrung

	von Zement und Bohrschlamm; Auflösung von säurelöslichen Mineralen
Schäume (Foam)	Unterstützung des Stützmitteltransports
Schwefelwasserstofffänger (H_2S Scavenger)	Entfernung von toxischem Schwefelwasserstoff zum Schutz vor Anlagenkorrosion
Tenside/Netzmittel (Surfactants)	Verminderung der Oberflächenspannung der Fluide
Tonstabilisatoren (Clay – Stabilizer)	Verminderung der Quellung und Verlagerung von Tonmineralen

Quelle:https://www.umweltbundesamt.de/sites/default/files/medien/461/publikationen/k4346.pdf

Das Fracfluid, auch als Spülungsflüssigkeit bezeichnet, wird am Ende zurück nach oben gepumpt und in einem Sammelbecken bei der Bohrstelle gesammelt, wiederaufbereitet oder entsorgt.

So kann das Erdgas beziehungsweise Erdöl durch neue Fließwege aus dem festen Gestein entweichen und durch das Bohrloch an die Oberfläche strömen.[3]

Es gibt jedoch auch Bestrebungen die Zusammensetzung der Fracfluids zu verändern, um Fracking umweltfreundlicher zu machen, sogenanntes Clean-Fracking.

Beim Clean-Fracking verzichtet man auf Chemikalien und arbeitet mit Wasser, Bauxit, Sand und meist Stärke, die auch in der Lebensmittelindustrie Verwendung finden. In Europa hat die ÖMV gemeinsam mit der Universität Leoben Clean-Fracking erforscht.[4] *Es wurde vermutet, dass die Methode zwar umweltverträglicher, aber wirtschaftlich weniger effizient ist. 2012 wurde das Projekt wegen Unwirtschaftlichkeit eingestellt.*[5]

In den U.S.A und Kanada gibt es jedoch schon bessere und ausgeklügeltere Techniken.

Zum Beispiel betreibt das Energieunternehemen Halliburton gemeinsam mit El Paso seit 2011 in Nord-Louisiana die erste Erdgasherstellung mit „Clean Suite Produktion Enhancement-Technologien" sowohl beim Hydraulic Fracturing als auch bei Wasseraufbereitung. Anstelle purerer Chemie versetzt man das Wasser unter anderem mit lebensmitteltauglichen Zutaten. Zudem verwendet man Additive, um die Bakterienbildung zu steuern.[6]

---

[3] Fracking – Die neue Produktionsgeografie; Seite 13
[4] Fracking – Die neue Produktionsgeografie; Seite 14
[5] Fracking – Die neue Produktionsgeografie; Seite 14
[6] Fracking – Die neue Produktionsgeografie; Seite 14

Mit dieser Technik sollen, laut Halliburton, zirka 9085 Liter Biozide pro Bohrung eingespart werden. Zurzeit macht jedoch ein ganz anderes Verfahren von sich Reden, da es ohne Wasser auskommt.[7]

Es nennt sich Liquefied Petroleum Gas Fracturing, verwendet Propan statt Wasser als Druck aufbauendes Fluid und stammt aus Kanada, wo es schon praktisch eingesetzt wird. Der Name ist ein bisschen irreführend, denn natürlich verwendet man nicht das Gas, sondern verflüssigt Propan unter Druck, bevor man es in die Bohrung pumpt. Da flüssiges Propan nur einen Bruchteil der Viskosität von Wasser hat, bestehen die Mischungen zu bis zu zehn Prozent aus einem Geliermittel, üblicherweise einem Phosphorsäureester. [8]

Ansonsten läuft dieses Verfahren wie bereits oben erklärt.

3 Umweltproblematik

Fracking bedeutet für viele unkalkulierbare Risiken für Umwelt und Gesundheit, sie fürchten besonders um das Trinkwasser. Die Folgen des unkonventionellen Frackings sind tatsächlich heute nicht absehbar. [9]

Fracking ist eine Methode die unkonventionelle Ressourcen für uns nutzbar macht. Aber zu welchem Preis?! Was sind die ökologischen Auswirkungen von Hydraulic Fracturing? *Die Risiken sind in vier Feldern unterteilbar: CO2- Emissionen, Trinkwasserbelastung, Seismografie und Lärm.*[10]

CO2 – Emissionen

Egal ob Fracking oder herkömmliche Öl und Gasfördermethoden, alle führen zur Erzeugung von Smog. Dieser wird durch den Einsatz von Maschinen und Lastkraftwagen hervorgerufen und durch das Methan, welches aus der Bohrstelle entweicht. Bei Hydraulic Fracturing soll jedoch zusätzliche Luftverschmutzung entstehen. Ein Wissenschaftlerteam rund um Armin Wisthaler hat Luftschadstoffe in Colorado gemessen.[11]

Österreichische Wissenschaftler haben bei Messungen in den USA festgestellt, dass zahlreiche klima- und gesundheitsschädliche Gase in die Atmosphäre entweichen! "Bei der Förderung, Aufbereitung und Verteilung gelangen über zahllose Lecks klima- und gesundheitsschädliche Gase in die Atmosphäre", sagt Armin. "Wir finden krebserregendes Benzol, giftigen und übelriechenden Schwefelwasserstoff und eine Vielzahl von

[7] vgl. Fracking – Die neue Produktionsgeografie; Seite 14
[8] http://www.chemieonline.de/forum/showthread.php?t=202350 (Zugegriffen 11.09.2015)
[9] http://www.bmub.bund.de/service/buergerforum/haeufige-fragen-faq/faq-fracking/ (Zugegriffen 1.10.2015)
[10] Fracking – Die neue Produktionsgeografie; Seite 13
[11] vgl. Fracking – Die neue Produktionsgeografie; Seite 88f

Vorläufersubstanzen für gesundheitsschädliches Ozon in ländlichen Gegenden, wo man eigentlich saubere Luft erwarten würde." [12]

Trinkwasserbelastung:

Mit Methan versetztes, hochentzündliches Leitungswasser oder Ortschaften, die ihr gesamtes Wasser in Plastikkanistern angeliefert bekommen, beides ist inzwischen Alltag in Gebieten wo Fracking betrieben wird.

Wenn die Bohrung durch eine Trinkwasser führende Schicht führt, wird das Bohrloch zum Schutz des Trinkwassers in unterschiedlichen Abschnitten mit einzementierten Stahlrohren gegenüber der Gesteinsformation abgedichtet und so eine undurchlässige Barriere zwischen Bohrloch und Wasserschicht geschaffen. [13]

Durch Fehler oder Unfälle kann es trotzdem passieren, dass das Fracfluid in das Grundwasser oder in andere unterirdische Wasserlagerstätten gelangt. Die Entsorgung vom Flowback (Spülungswasser), das von selbst zurück geflossene beziehungsweise nach oben gepumpte Fracfluid, stellt eine besonders große Herausforderung dar. Zunächst wird es in einem Auffangbecken neben der Bohrstelle gelagert um später zu Aufbereitungsanlagen gebracht und gesäubert zu werden. Allerdings kann man diese, mit extrem giftigen Chemikalien versetzte Flüssigkeit nicht zu 100% reinigen. Zudem kann die kontaminierte Flüssigkeit durch ein Leck austreten und eine großflächige Boden- und Grundwasserverunreinigung hervorrufen.

Das anfallende Abwasser, das sogenannte Produktionswasser beziehungsweise „produced water", besteht aus Grundwasser und Resten des Fracfluids. Es wird ebenfalls in einem großen Sammelbecken gelagert und später in tiefliegende Hohlräume gepumpt und dort „endgelagert".

Aber nicht nur die Kontamination des Wassers sondern auch der immense Wasserverbrauch bei Fracking stellt ein ökologisches Problem dar. [14]

Wasser ist für den gesamten Fracking-Prozess notwendig. Die verwendete Wassermenge sei je nach Bohrung unterschiedlich, wobei die jeweilige Permeabilität (Durchlässigkeit von Gesteinen für z.B. Gas) des Gesteins als entscheidend angesehen wird. Außerdem spiele die Tiefe des Fracks eine Rolle: je tiefer der Frack, desto größer

---

[12] http://www.heise.de/tp/news/Fracking-traegt-zur-Luftverschmutzung-bei-2283238.html(Zugegriffen 1.10.2015)

[13] Fracking – Die neue Produktionsgeografie; Seite 12
[14] vgl. Fracking – Die neue Produktionsgeografie, Seite 14f

der Wasserverbrauch. Insgesamt liege die verwendete Wassermenge bei 3-5 Millionen Gallonen für eine Bohrung (entspricht knapp 12 bis 20 TSD Kubikmeter)[15].

Ein durchschnittlicher österreichischer Haushalt kommt, laut Zahlen des Bundesministeriums für ein lebenswertes Österreich, mit 20.000 Kubikmeter Wasser ungefähr 100 Jahre aus.

Seismische Aktivitäten

Beim Fracking wird Flüssigkeit unter hohem Druck in ein Bohrloch gepresst, um kleine Risse im Gestein aufzubrechen und darin enthaltenes Erdgas und Erdöl zu gewinnen. Dadurch ausgelöste mikroseismische Aktivitäten – quasi Kleinst-Erdbeben – sind üblicherweise so schwach, dass sie nur mit empfindlichen Geräten gemessen werden können.[16] Experten gehen dennoch davon aus, dass Frack-Vorgänge in vorgespannten Formationen oder bei Vorliegen von weitreichenden und großflächigen Störungen zu messbaren seismischen Ereignissen in der Größenordnung von bis zu einem Wert von 2,3 (Richtersklala) an der Oberfläche führen können. Schäden an der Oberfläche durch Frack-Vorgänge konnten aber bislang nicht konkret nachgewiesen werden.[17]

Diese, durch Fracking ausgelösten, seismischen Aktivitäten stellen einen Faktor dar, dessen langfristige Auswirkungen derzeit in keiner Weise einschätzbar sind.

Lärm

Ein ebenfalls großer Einflussfaktor auf die Umwelt und die Menschen ist der Lärm, der beim Betrieb einer Bohrstelle entsteht. Da die Bohrtürme sowie auch anderes schweres Gerät 24 Stunden am Tag betrieben werden müssen. Dies kann natürlich zu erheblichen Schlafstörungen der Anrainer führen, aber auch Tiere leiden unter dieser enormen Lärmbelastung. Das steigende Verkehrsaufkommen sorgt ebenfalls für einen erhöhten Lärmpegel.[18]

Durch Fracking steigt der Schwerlastverkehr enorm, da sowohl Maschinen, Materialien, Chemikalien wie auch das gesamte benötigte Wasser mit dem LKW angeliefert werden. Bei Hydraulic Fracturing werden pro Bohrstelle ungefähr doppelt so viele Lkw-Fahrten zum Bohrgelände benötigt wie bei der konventionellen Öl- beziehungsweise Gasförderung. Die Errichtung von Bahnanbindungen ist dennoch oft nicht rentabel. Dies führt zu einer erhöhten Lärmbelastung, zu einem größeren Emissionsausstoß und auch die Straßen werden

---

[15] http://dialog-erdgasundfrac.de/bericht-reise-expertenkreis-USA/wasserverbrauch-auswirkungen-grundwasser-oberflaechengewaesser (Zugegriffen28.10.2015)

[16] http://dialog-erdgasundfrac.de/bericht-reise-expertenkreis-USA/wasserverbrauch-auswirkungen-grundwasser-oberflaechengewaesser (Zugegriffen28.10.2015)

[17] Fracking – Die neue Produktionsgeografie; Seite 90

[18] vgl. http://dialog-erdgasundfrac.de/fl%C3%A4chen-und-landschaftsbedarf-sowie-l%C3%A4rm (Zugegriffen 26.10.2015)

stark in Mitleidenschaft gezogen. Jeder LKW, ob mit oder ohne Ladung, bedeutet eine starke Belastung für den Straßenbelag.[19]

4 Wo wird Fracking bereits eingesetzt

Trotz der bereits erwähnten möglichen Auswirkungen auf die Umwelt wird Fracking rund um den Globus eingesetzt. In Nordamerika war die Geburtsstunde von Fracking und auch heute sind diese Länder Vorreiter auf diesem Gebiet, insbesonders die USA.

Dort wurden im Lauf des ersten Jahrzehnts des 21. Jahrhunderts in einem regelrechten Boom zahlreiche unkonventionelle Öl- und Gasfelder erschlossen. Zu den wichtigsten Zielformationen der Förderung gehören der Marcellus Shale (Schiefer) in Pennsylvania, der Niobrara Shale in Colorado und Wyoming, der Barnett Shale in Texas, der New Albany Shale in Illinois, der Bakken Shale in Montana und North Dakota sowie der Monterey Shale in Kalifornien.[20] „In den USA steigt die Ölförderung im Jahr 2013 so stark wie noch nie." Dies sagt die US-Energiebehörde EIA voraus. Dieser Prognose zufolge pumpen die vereinigten Staaten in diesem Jahr 900.000 Fass mehr Öl pro Tag aus der Tiefe.[21]

Ein Fass wird auch als Barrel bezeichnet und enthält 159 Liter, somit würde die Förderleistung um 143.100.000 Liter pro Tag steigen.

Kanada verfügt ebenfalls über sehr große unkonventionelle Vorkommen, und könnte bis 2020 zu einem der größten Energiemächte der Welt aufsteigen. Die Provinz Quebec ist hier ein „Frackinghotspot".[22] In Südamerika werden Vorkommen von zirka 4.499 Tcf (Trillion Kubikfuß; zu beachten: Trillion = Billion auf Deutsch) vermutet, ein Viertel davon sollte förderbar sein. Ein Kubikfuß entspricht ungefähr 28,3 Litern. Vor allem in Kolumbien wird Fracking schon lange praktiziert. Der US–amerikanische Energieriese Exxon führt im südamerikanischen Guyana bereits ebenfalls Messungen und seismische Untersuchungen durch. In Afrika wird Fracking auch seit Jahrzehnten eingesetzt, speziell in Südafrika. Man glaubt in Karoo, einer Halbwüstenlandschaft in Südafrika, Erdöl- beziehungsweise Erdgas-Vorräte zu haben um Südafrika 400 Jahre lang versorgen zu können.[23] Experten meinen, dass in Europa ebenfalls unkonventionelle Ressourcen vorhanden sind.

---

[19] vgl. Fracking- Die neue Produktionsgeografie; Seite 88f
[20] http://dialog-erdgasundfrac.de/bericht-reise-expertenkreis-USA/wasserverbrauch-auswirkungen-grundwasser-oberflaechengewaesser (Zugegriffen28.10.2015)
[21] Fracking- Die neue Produktionsgeografie; Seite 19
[22] vgl. https://de.wikipedia.org/wiki/Hydraulic_Fracturing#Hydraulic_Fracturing_weltweit (Zugegriffen 10.9.2015)
[23] vgl. https://de.wikipedia.org/wiki/Hydraulic_Fracturing#Hydraulic_Fracturing_weltweit (Zugegriffen10.9.2015)

Man schätzt die Vorräte auf zirka 2650 Tcf, jedoch seien nur 640 Tcf davon förderbar. Grundsätzlich gilt in der EU, dass Umweltschäden vermieden werden sollten, jedoch kann jeder Mitgliedsstaat selbst darüber entscheiden, ob er Fracking erlaubt oder nicht. In Deutschland wurde bisher an die 300 Mal Fracking durchgeführt. Man vermutet auf deutschem Staatsgebiet zirka 7 Billionen Kubikmeter Erdgas, davon sind jedoch nur zwischen 10% und 35% förderbar. In Polen werden zurzeit die größten Vorkommen in Europa vermutet und es werden laufend Probebohrungen durchgeführt. Förderlizenzen wurden vom polnischen Staat hauptsächlich an amerikanische Energie-Konzerne, wie zum Beispiel Petrolinvest oder Lotus, vergeben. Auch Russland steckt mitten im Fracking–Boom, deshalb investiert man stark in die Erforschung neuer Technologien und in besseres Equipment.[24]

Rosneft, ein mehrheitlich staatlich geführtes Mineralölunternehmen, schätzt die Reserven auf 1,4 Milliarden Tonnen. Laut Experten soll sich die Fördermenge sogar noch erhöhen. Durch den Einsatz neuer Technologien wird nach einem Bericht in „Russia beyond the headlines" („RBTH") mit einer jährlichen Produktion von bis zu 36 Millionen Tonnen gerechnet.[25]

Frankreich hat sich bereits für ein generelles Fracking–Verbot ausgesprochen. Aufgrund der nachlassenden Wirtschaft könnte sich das in Zukunft jedoch noch ändern. Auf Österreich möchte ich später in einem eigenen Kapitel eingehen. In der Volksrepublik China schätzen die Experten die Vorkommen auf ungefähr 5.101 Tcf, hiervon sind allerdings nur 1.275 Tcf leicht zu fördern. Angesichts der schlechten Informationslage kann man die Größe der Vorkommen jedoch schwer abschätzen.[26] *Fracking hat besonderen Reiz, weil es in China eine Alternative zur Kohle darstellt, die derzeit rund 70% der landesweit verbrauchten Energie liefert.[27]*

5 Die Situation in Österreich

In Österreich ist die Anwendung von Fracking zurzeit kein Thema, behaupten Umweltminister Rupprechter und Wirtschaftsminister Mitterlehner. Dennoch ist die Verunsicherung und Angst in der Bevölkerung groß. Bleibt das Verbot? Was ist mit HF in grenznahen Gebieten?

---

[24] vgl. Fracking – Die neue Produktionsgeografie; Seite 44f
[25] http://orf.at/stories/2215310/2215307/ (Zugegriffen19.12.2015)
[26] vgl. Fracking – Die neue Produktionsgeografie; Seite 43
[27] Fracking – Die neue Produktionsgeografie; Seite 43

Im niederösterreichischen Weinviertel wird seit über 60 Jahren Öl und Gas konventionell gefördert, da in Niederösterreich eines der größten zusammenhängenden Vorkommen in Mitteleuropa liegt. Das österreichische Energieunternehmen OMV ist im Weinviertel mit 700 Beschäftigten einer der größten Arbeitgeber. Die Öl- und Gasvorkommen waren und sind für die niederösterreichische Wirtschaft schon immer von großer Bedeutung.[28] In 20 bis 30 Jahren sollen jedoch die konventionell förderbaren fossilen Vorräte in den Lagerstätten zu Ende gehen. Als Ersatz hätte der österreichische Energiekonzern ein Schiefergasvorkommen von zirka 10 - 11 Milliarden Kubikmetern, was dem österreichischen Verbrauch von 30 Jahren entspricht. Hierfür hat der österreichische Mineralölförderer OMV gemeinsam mit der Montanuniversität Leoben das bereits im ersten Kapitel angesprochene Pilotprojekt „Clean Fracking" ins Leben gerufen. Dieses Verfahren soll die Umwelt so weit wie möglich schonen.

Schiefergas-Gegner und Experten trauen der angeblich sauberen Methode nicht, mokieren, dass die OMV ein großer Auftraggeber der Montanuni sei, und ziehen die Unabhängigkeit der Forschung in Zweifel.[29]

Das Vertrauen der Bevölkerung gegenüber dem österreichischen Branchenleader sinkt und das Unternehmen ist zunehmend mit Imageprobleme konfrontiert. Im Frühjahr 2012 hatte ein Mitarbeiter der OMV behauptet, dass Fracking schon bis zu dreißig Mal eingesetzt wurde.

In einer kurzen Stellungnahme hieß es nur, dass lediglich vereinzelt auf „Fracking"-Elemente zurückgegriffen worden sei, allerdings nur, um herkömmliche Öl- und Gasfelder besser ausbeuten zu können. Auch Chemie war im Spiel, was genau, war aber nicht zu erfahren.[30]

Es wurden einige Bürgerinitiativen gegründet, zum Beispiel „Weinviertel statt Gasviertel". Auch Greenpeace Österreich spricht sich für ein absolutes Verbot von Fracking und einen Stopp der Schieferprobebohrungen in Österreich aus.

Der österreichische Öl- und Gas- Konzern OMV hat seine Exploration nach Schiefergas im niederösterreichischen Weinviertel abgebrochen. Grund dafür war der Protest der Anrainer, die negative Meinung der Bevölkerung und die Tatsache, dass für Schiefergasbohrungen in Österreich nunmehr eine Umweltverträglichkeitsprüfung notwendig ist.[31]

Aber nicht nur das Fracking im eigenen Land ängstigt die Bevölkerung, auch die unkonventionelle Förderung in grenznahen Gebieten stellt ein Problem dar. Ein Hotspot ist

---

[28] vgl. http://www.noen.at/nachrichten/noe/wirtschaft-verkehr/Begehrtes-Oel-aus-dem-Weinviertel;art79521,479976 (Zugegriffen 3.11.2015)
[29] http://orf.at/stories/2215310/2215307/ (Zugegriffen 19.12.2015)
[30] http://noe.orf.at/news/stories/2522179/ (Zugegriffen 30.10.2015)
[31] Wolfgang Pinner, Nachhaltiges Investieren: Konkrete Themen und ihre Bewertung; Linde Verlag 2014; Seite 123

hier das österreichische Bundesland Voralberg. In der Region rund um die deutschen Städte Konstanz und Biberbach ruhen große Schiefergasvorkommen. Hier wurden die Konzessionen an ein britisches Unternehmen, für die weitere Suche nach unkonventionellen Ressourcen, verlängert. Im Schweizer Kanton St. Gallen stieß man bei Probebohrungen ebenfalls auf große Mengen Schiefergas. Die Vorarlberger Landesregierung sorgt sich um die Natur, die Umwelt, das Grundwasser, vor allem um den Bodensee, woraus zirka fünf Millionen Menschen ihr Wasser beziehen. In Deutschland gilt ein Fracking-Verbot in Trinkwassergebieten. In der Schweiz fordern die Großparteien ein Verbot, jedoch wurde bisher noch keines ausgesprochen. Vorarlberg hat 2014 beschlossen ein Frackingverbot in der Landesverfassung zu verankern. Ein generelles Verbot von Fracking gibt es in Österreich jedoch nicht.[32]

In Österreich habe man "de facto ein Moratorium", so Rupprechter. Die OMV als einziges heimisches Unternehmen, "das da Pläne hatte", habe diese "zurückgezogen". Schiefergas sei keine Option. "Und ich sehe niemanden, der großflächig einsteigen möchte."Rechtssicherheit durch ein Verbot sieht Rupprechter allerdings nicht als notwendig, weil er als Minister die Möglichkeit habe, "einen Riegel vorzuschieben". Rupprechter würde "selbstverständlich" ein Veto einlegen, komme es zu einem Antrag für Schiefergasgewinnung, sagt er im Interview. [33]

Das Freihandelsabkommen TTIP (Transatlantische Handels– und Investitionspartnerschaft), zwischen den USA und der EU könnte Fracking doch noch durch die Hintertür bringen. TTIP gibt die Möglichkeit fracking-unwillige Staaten zu verklagen und Strafzahlungen in Milliardenhöhe einzufordern. Experten meinen, dass durch TTIP die Energiewende in Europa generell torpediert wird.[34]

6 Wirtschaftliche Aspekte

Energieversorgung ist die Schlüsselfrage für jede Volkswirtschaft. Die Macht über und der Besitz von Energie sind entscheidend für Wirtschaftswachstum und Wettbewerbsfähigkeit.

Fracking steht im Verdacht sowohl auf einzelwirtschaftlicher Ebene (Unternehmen) als auch auf volkswirtschaftlicher Ebene in den nächsten Jahren massive Strukturbrüche zu verursachen. Dabei sind die Fakten und die internationalen Forschungsergebnisse auf Seiten der Ökonomie bisher durchaus noch nicht befriedigend. Man stützt sich dabei in erster Linie auf Zahlen aus den Staaten, die unkonventionelles Erdgas seit

---

[32] vgl. http://www.gbw.at/oesterreich/artikelansicht/beitrag/fracking-fracking-in-oesterreich/ (Zugegriffen 5.11.2015)

[33] http://www.salzburg.com/nachrichten/dossier/ttip/sn/artikel/rupprecher- selbstverstaendlich-gegen-fracking-93633/ (Zugegriffen 31.10.2015)

[34] vgl. http://www.ots.at/presseaussendung/OTS_20150827_OTS0125/brunner-durch-ttip-droht-fracking-auch-in-oesterreich (Zugegriffen7.11.2015)

Jahren im großen Umfang fördern. Der Einsatz von Fracking hatte für die USA den positiven Effekt, dass sie zu den Produzenten aufgestiegen sind und nicht mehr als Importeure für Gas auf dem Markt agieren. Die Energiepreise sind in der Folge dort seit 2010 deutlich gesunken.[35]

Die günstigen Energiepreise beleben die Wirtschaft und steigern vor allem Investitionen in energieintensiven Branchen wie der Chemie-, Stahl-, Kunststoff- und Aluminiumindustrie. Um noch einmal auf das Beispiel USA zurück zu greifen: In den Vereinigten Staaten angesiedelte Unternehmen konnten im Jahr 2015, durch die durch Fracking billig erzeugte Energie, um bis zu 15% kostengünstiger produzieren als jene in Deutschland. Billige Energie und Versorgungssicherheit ist bei der Standortwahl eines Unternehmens enorm wichtig. Durch Hydraulic Fracturing schafft man einen Anreiz zur Ansiedelung beziehungsweise Neugründung von Unternehmen. Damit könnten Arbeitsplätze geschaffen und eine ganze Volkswirtschaft aufgewertet beziehungsweise belebt werden.[36]

Trotzdem sind Investoren oft nicht sehr interessiert daran in Fracking zu investieren, da Kapitalgeber eher an kurzfristigen Profiten interessiert sind und nicht an langfristigen Entwicklungen, wie sie beim Fracking zu erwarten sind. Zudem kommt noch, dass durch die Überproduktion von Erdgas durch Fracking, der Gaspreis und damit auch der Ölpreis sinken und HF dadurch nicht mehr rentabel ist. [37]

In den vergangenen Jahren ist der Preis für Schiefergas in den Vereinigten Staaten um etwa 65 Prozent gefallen. Die Gewinne bei der Produktion sind so niedrig, dass sich Investoren überlegen, ob sie ihr Geld nicht anderswo besser investieren. Zumal die Förderraten offenbar nicht zufriedenstellend sind. Einer Studie zufolge, die das „Wall Street Journal" zitiert, haben im Jahr 2013 internationale Firmen etwa 3,4 Milliarden Dollar in Fracking investiert. 2012 waren es noch sieben Milliarden Dollar gewesen. Und im Jahr 2011 steckten die Unternehmen sogar 35 Milliarden Dollar in die Boomindustrie.[38]

Ein Beispiel hierfür wäre die Firma Chesapeake Energy. Dieses Unternehmen gehört zu den Frackingpionieren und verlor allein im Jahr 2011 30% seines Wertes an der Börse.[39]

Auf dem europäischen Kontinent wollte man mit den großen Vorkommen in Polen den Fracking–Boom auslösen um billigere Energie beziehen zu können. Man stufte die neue Technologie als zukunftsweisend für Europa ein.

---

[35] Fracking – Die neue Produktionsgeografie; Seite25
[36] vgl. Fracking – Die neue Produktionsgeografie; Seite 25f
[37] vgl. http://www.tagesspiegel.de/wirtschaft/der-fracking-boom-ist-schon-wieder-vorbei/9384674.html (Zugegriffen2.11.2015)
[38] http://www.tagesspiegel.de/wirtschaft/der-fracking-boom-ist-schon-wieder-vorbei/9384674.html (Zugegriffen 2.11.2015)
[39] vgl. Fracking – Die neue Produktionsgeografie; Seite 34Vgl. Fracking – Die neue Produktionsgeografie; Seite 34f

Doch nach sechs Jahren ist es der Firma immer noch nicht gelungen, eine Förderanlage in Betrieb zu nehmen, obwohl die polnische Regierung das Fracking vehement unterstützt. Hinzu kommt, dass die Öl-Riesen Exxon Mobil, Chevron und Royal Dutch Shell mittlerweile von Fracking-Investitionen in Polen absehen. „Es ist nicht einfach (…) Die Kosten für Förderanlagen sind in Europa um ein vielfaches höher als in den USA. Außerdem werden wir bei jedem Schritt mit Vorschriften konfrontiert", zitiert Bloomberg den Cuadrilla-Direktor für Dienstleistungen auf dem polnischen Markt, Marek Madeja.[40]

Hydraulic Fracturing ist in Europa, speziell in der europäischen Union, schlichtweg zu teuer beziehungsweise für die Firmen zu wenig gewinnbringend. Es wird immer wieder von einem totalen Fracking–Verbot in der EU gesprochen, was jedoch enorme Auswirkungen hätte. Das Ablehnen der neuen Technologie zur Energiegewinnung hätte vor allem sehr hohe Energiepreise zur Folge. Das wiederum würde dazu führen, dass die europäische Industrie, welche sehr energieintensive Branchen einschließt, auf die USA oder Schwellenländer wie Lateinamerika oder Asien ausweichen müsste. Da Unternehmen langfristig denken und investieren, entscheiden sich europäische Unternehmen schon jetzt dafür ihre Investitionen vorwiegend außerhalb der EU zu tätigen. Ein Beispiel ist hier der österreichische Stahlkonzern Voestalpine, der in Texas (USA) momentan ein Werk errichtet.[41]

Global–Player, die auf der ganzen Welt agieren und eventuell auch Tochterunternehmen im Ausland haben, fällt es noch leichter den Standort zu wechseln, da sie keine Bindung haben und die nötigen finanziellen Rücklagen um Standorte zu verlagern. Man schätzt, dass man, wenn die energieintensiven Branchen die EU verlassen, zirka 250.000 Arbeitsplätze verlieren wird. Natürlich leiden unter diesen Abwanderungen auch kleinere Betriebe wie die Zulieferfirmen. Die Zahl der Arbeitslosen wird im Laufe der Zeit um ein Vielfaches steigen, sollten die Großkonzerne ihre Zelte abbrechen.[42]

Dies möchte ich an einem Beispiel zeigen: Das EU–Land Frankreich hat große Schiefergas–Vorkommen, allerdings auch ein Verbot dieses zu fördern. Dies wird das Land, das sich bereits in einer Rezession (Abschwung) befindet, noch weiter nach unten ziehen. Diesen Zusammenhang sieht auch das Handelsblatt, das in einem Artikel folgendes schreibt.

In Frankreich sticht die ungünstige Entwicklung der Wettbewerbsfähigkeit hervor. Auch deshalb ist der Weltmarktanteil des Exportsektors des Landes deutlich gesunken; die Leistungsbilanz hat sich seit Beginn der Währungsunion kontinuierlich verschlechtert– von einem Überschuss von 2,6 Prozent des Bruttoinlandsprodukts zu einem Defizit von zuletzt etwa 2 Prozent. Im Durchschnitt der zurückliegenden drei Jahre hat Frankreich

---

[40] http://deutsche-wirtschafts-nachrichten.de/2015/05/13/gefaehrliche-illusion-fracking-funktioniert-in-europa-nicht/ (Zugegriffen 2.11.2015)
[41] vgl. Fracking – Die neue Produktionsgeografie; Seite 33f
[42] vgl. Fracking – Die neue Produktionsgeografie; Seite 64f

damit das höchste Leistungsbilanzdefizit aller Kernländer aufgewiesen. Im „Global Competitiveness Report 2012-2013" [43]

Der Global Competitiveness Report ist eine Rangliste der Volkswirtschaften mit den höchsten Wachstumschancen. In der aktuellsten Rangliste 2014/2015 ist Frankreich bereits auf Platz 23 zu finden, auf Platz 3 sind die Vereinigten Staaten. Diese wirtschaftliche Entwicklung von Frankreich hat langfristig gesehen eine hohe Arbeitslosigkeit von weit über 10% zur Folge. Die Staatsverschuldung Frankreichs stieg zwischen 2008 und 2012 mit 25 Prozentpunkten auf über 90%, zum Vergleich die deutsche Staatsverschuldung betrug 2012 zirka 81%.

Große Probleme bestehen im externen Sektor. Der überdurchschnittlich starke Verlust von Weltmarktanteilen ist in Kombination mit trendmäßig steigenden Leistungsbilanzdefiziten besorgniserregend. Insbesondere Frankreichs Exportwirtschaft ist es nicht gelungen, vom ökonomischen Aufschwung der Schwellenländer zu profitieren, sondern sie hängt nach wie vor von den Märkten im Euroraum ab. [44]

Ein EU-weites Verbot von HF könnte in der ganzen Europäischen Union für einen starken Abschwung sorgen.

Ein großes Thema ist Fracking in Schwellenländern wie Lateinamerika und Asien. Dort wird es aufgrund der zunehmenden Industrialisierung und des damit einhergehenden größeren Energieverbrauches aufmerksam beobachtet. Die durch Fracking entstehende billige Energie wird die Industrialisierung weiter stark vorantreiben. Dr. Benny Reiser, Direktor der Global Warming Policy Foundation (eine gemeinnützige Organisation, die zur Bildung über globale Erwärmung etwas beitragen will), sagt: „Argentinien hat eines der größten Schiefergasvorkommen. Innerhalb eines Jahres könnte dort mit der Förderung begonnen werden. Man sieht anhand dieses Beispiels, wie schnell es gehen kann, wenn der politische Wille und Investoren aufeinandertreffen." [45]

Durch Hydraulic Fracturing und LNG (Liquified Natural Gas; flüssiges Erdgas) kommt es auf dem Energiemarkt zu großen Veränderungen. Öl- und Gasstaaten wie Kuwait, Saudi Arabien, Norwegen und Russland haben die Energie bis jetzt zum Großteil kontrolliert. Sie beliefern

---

[43] http://www.handelsblatt.com/politik/international/frankreich-klage-gegen-fracking-verbot-scheitert-/8920714.html (Zugegriffen 6.11.2015)
[44] http://www.handelsblatt.com/politik/international/frankreich-klage-gegen-fracking-verbot-scheitert-/8920714.html (Zugegriffen 6.11.2015)
[45] vgl. Fracking – Die neu Produktionsgeografie; Seite 40

die Industrienationen wie USA, Japan und Deutschland und die Aufsteigernationen wie China und Brasilien.[46]

Es gibt eine entscheidende Veränderung im Verteilungskampf der Rohstoffvorräte: das Erschließen großer unkonventioneller Lagerstätten von Öl und Gas durch die Fracking–Technologie. In den USA sind die Gaspreise bereits auf rund ein Drittel des Niveaus in Deutschland gefallen.[47]

Davon bekommt man in Europa noch wenig mit, da die Vereinigten Staaten noch nicht die nötige Förderkapazität haben um zu einem Exportland aufzusteigen und Druck auf den europäischen Preis auszuüben. Die Situation in Europa ist eine andere. Hier hat die Umwelt, im Gegensatz zu den USA oder China, noch einen viel höheren Stellenwert, sowohl in der Politik als auch bei den Bürgern. Aufgrund der vielen Auflagen und Gesetzte wird das in Europa geförderte Öl beziehungsweise Gas um einiges teurer sein als jenes der Vereinigten Staaten von Amerika. Zurzeit existiert kein Erdgas-Markt, sprich es gibt keinen freien Welthandel mit Gas. Es gibt nur einen Erzeuger beziehungsweise Förderer und einen Abnehmer, die durch eine Pipeline verbunden sind.[48]

Wenn dies so bliebe, dann würde der Fracking–Boom in den USA oder bald China andere Weltregionen höchstens mittelbar betreffen. Doch es bleibt nicht so. Denn neue Technologien erlauben es inzwischen, große Mengen an Erdgas zu verflüssigen – und dieses Liqified National Gas (LNG) per Schiff von Terminal zu Terminal zu transportieren. Das hat zwei Effekte: Es entsteht ein Weltmarkt für Erdgas. Und die traditionelle Bindung des Erdgaspreises an das Erdöl wird auf diesem Markt aufgehoben.[49]

Unter der Bindung zwischen Erdgaspreis und Erdölpreis versteht man, dass entweder beide Preise steigen oder sinken. Auch für Europa spielt LNG eine bedeutende Rolle. Sollten die USA nach Europa Gas liefern können, was ab zirka 2017 der Fall sein könnte, wird ein Preisverfall erwartet. Wie groß dieser sein wird, hängt davon ab, wie die Mehrkosten durch die Verflüssigung und den Transport den neuen Preis beeinflussen werden. Europa profitiert jedoch jetzt schon davon, dass das Land der unbegrenzten Möglichkeiten autark agiert, sprich die Gasimporte auf ein Minimum reduziert hat. Dadurch gerät das Gas, welches aus Indonesien, Malaysia oder Katar direkt nach Europa umgelenkt wird, unter einen stärkeren Preisdruck, es wird billiger. Frank Chapman, Chef der britischen BG Group (ein Energieunternehmen), spricht bereits von einem „goldenen Gaszeitalter", das durch Fracking und dem LNG–Verfahren anbricht. Die Investitionen in diesem Bereich sind exorbitant groß. Der Konzern Exxon Mobil investiert einen zweistelligen Milliardenbetrag in Anlagen für das

---

[46] vgl. Fracking – Die neu Produktionsgeografie; Seite 40
[47] Fracking- Die neue Produktionsgeografie; Seite 40
[48] vgl. Fracking- Die neue Produktionsgeografie; Seite 40f
[49] Fracking- Die neue Produktionsgeografie; Seite 45

LNG-Verfahren. Zwei weitere Unternehmen, die in solche Anlagen zirka 50 Milliarden investieren, sind Eni, ein italienisches Energieunternehmen, und Anadarko, ein amerikanischer Energiekonzern.[50]

Deutsche Erdgas- und Erdölunternehmen sind zwar meist keine Global–Player aber trotzdem weltweit aktiv. Der deutsche Gas–Spezialist Linde baut zum Beispiel weltweit Anlagenkomplexe zur Verflüssigung von Erdgas. Der in Deutschland durch Fracking direkt betroffene Industriezweig ist sehr klein, man spricht nur von ungefähr 20.000, zum Teil hochqualifizierten Mitarbeitern. Ob man in Europa, speziell in Deutschland, in HF weiter investieren und diese Technik anwenden wird ist weiterhin fraglich. Zum einen haben wir einen starken Preisverfall am Erdgas- und Erdölmarkt und die Explorationskosten (Förderkosten) in Deutschland sind oft zu hoch um bei niedrigen Preisen Gewinn zu machen. Zum zweiten ist der Rückhalt aus der Politik und der Gesellschaft bei weitem nicht so hoch wie in den USA. Und drittens können deutsche Unternehmen bereits im Ausland große Aufträge und Projekte generieren, sprich Investitionen und Gewinne werden außerhalb von Deutschland gemacht. Die Energiepreise werden aber früher oder später auch außerhalb von Deutschland oder Österreich beziehungsweise außerhalb der EU steigen, da aufstrebende Märkte wie Afrika, Indien, Lateinamerika und China auch weiterhin einen steigenden Energieverbrauch aufweisen werden und die Vorräte werden von Tag zu Tag weniger.[51]

Die Analysten der internationalen Energieagentur (IEA) rechnen bis 2035 mit einer Steigerung bei den Strompreisen um durchschnittlich 15 Prozent.[52]

Gründe für den Anstieg des Strompreises sind die unterschiedlich starke Nutzung von erneuerbaren Energien, wie zum Beispiel Photovoltaikanlagen, und die unterschiedliche Preisgestaltung für CO_2 (Emissionshandelssysteme). Generell wird die Energienachfrage hauptsächlich Strom und Gas betreffen. Es wird behauptet, dass Versorgungssicherheit nur mit Fracking erreicht werden kann, da erneuerbare Energien meist von Sonne oder Wind abhängig sind. Vor allem die Industrie steht hier der Energiewende skeptisch gegenüber.[53]

---

[50] vgl. Fracking – Die neu Produktionsgeografie; Seite 44f
[51] vgl. Fracking – Die neu Produktionsgeografie; Seite 51f
[52] Fracking- Die neue Produktionsgeografie; Seite 65
[53] vgl. Fracking – Die neu Produktionsgeografie; Seite 56f

Hydraulic Fracturing wird erhebliche wirtschaftliche Veränderungen mit sich bringen. Allem voran einen starken Einbruch des Ölpreises. 2020, sagen Experten, werden wir aufgrund des steigenden Angebotes und der sinkenden Nachfrage einen Erdölüberschuss haben. Aufgrund von LNG und Fracking werden Energielieferanten für Europa (z.B die russische Gazprom) immer mehr unter dem Preisdruck leiden. Aber auch Energieunternehmen aus den USA sind keine automatischen Gewinner. Durch steigende Umweltstandarts werden auch dort die Preise steigen.

Zudem kommt noch, dass sehr viele Unternehmen *unter* der Kostendeckungsgrenze Öl und Gas fördern, somit ist Fracking für sie kein großer wirtschaftlicher Erfolg. Auch der Preiskampf und das Kräftemessen zwischen großen Energienationen hat begonnen.

Nun hat Saudi-Arabien seine Preise für US-Abnehmer gesenkt und damit für einen erneuten Kursrutsch an den Ölmärkten in Richtung 80 Dollar gesorgt. Dieser Preisverfall macht anderen Produzenten das Leben schwerer, die beispielsweise mit der kostspieligeren Fracking-Methode in den USA Schieferöl fördern. Laut Commerzbank-Analyst Carsten Fritsch liegt für 82 Prozent der Produzenten der kostendeckende Preis bei weniger als 60 Dollar. Er beruft sich dabei auf Vertreter die Energiebehörde IEA. Doch für die umstrittene Schieferöl-Förderung in den USA brauche man einen Preis von mindestens 80 Dollar, um profitabel zu sein. Dort muss das "schwarze Gold" mit hohem technischem Aufwand aus Schiefergestein herausgelöst werden.[54]

Pipelinebetreiber, Zulieferer, Logistikunternehmen (z.B. Eisenbahnunternehmen) und Energieabnehmer sind zurzeit die einzigen Profiteure.

Hydraulic Fracturing hat bedeutende Auswirkungen auf die Mobilität der Zukunft. HF liefert auch Treibstoff für gasbetriebene Fahrzeuge, hautsächlich LKWs, Transporter und Busse. Da Gas zu den fossilen Brennstoffen gehört, hat es ungefähr den halben CO_2-Ausstoß von Kohle und ist somit eine umweltfreundlichere Lösung. Die kostengünstige Versorgung von Industriebetrieben mit Energie könnte sogar beeinflussen welche Autos wir in Zukunft fahren werden. Ein Beispiel hierfür ist die Karbonerzeugung. Karbon ist ein Werkstoff für Fahrzeugteile, die Autos leichter und somit umweltfreundlicher machen. Fracking würde die Karbonerzeugung kostengünstiger machen, somit würden umweltfreundliche Fortbewegungsmittel für den Konsumenten leistbarer und dadurch natürlich auch attraktiver werden. Die unkonventionelle Förderung des Rohstoffs stellt jedoch leider weiterhin ein Umweltproblem dar.[55]

---

[54] http://www.format.at/wirtschaft/preisverfall-oel-saudis-5191403 (Zugegriffen 11.11.2015)
[55] vgl. Fracking – Die neu Produktionsgeografie; Seite 70f

7 Politische Auswirkungen

Fracking ist ein sehr brisantes Thema und liefert immer wieder Zündstoff für Diskussionen in Politik und Gesellschaft. Diese Technologie könnte unsere Welt beziehungsweise unsere geopolitische Landkarte verändern. Wie wird Fracking unsere politische Zukunft verändern?

Die Diskussion über Hydraulic Fracturing wird weltweit geführt und dennoch gewinnt Fracking, trotz vieler Gegnern aus Politik, Wissenschaft und Forschung und auch aus den Reihen der Bürger, stetig an Bedeutung. Für jedes Land ist die Energieversorgung ein zentrales Thema, denn ohne Energie ist Leben und Arbeiten nicht möglich.

Denn Energiesicherheit der einzelnen Staaten und der Zugang zu – insbesondere bezahlbarer – Energie stehen auf der politischen Agenda ganz oben.[56]

Politische Unsicherheit und Unruhen in öl– und gasexportierenden Teilen der Erde wie Nordafrika, Südamerika, Russland und dem Nahen Osten schaffen für Importeure große Versorgungsunsicherheit. Zirka 70% der Ölvorkommen und ungefähr 40% der Gasvorkommen befinden sich in den bereits angesprochenen unsicheren Regionen. Deutschland und Österreich zum Beispiel sind von den Gaslieferungen der Russen stark abhängig.

Tatsächlich ist Europa stark von Gasimporten aus Russland abhängig: Die EU-Kommission gibt den aktuellen Gasbedarf Europas mit 526 Milliarden Kubikmetern an - rund 30 Prozent davon kommen aus Russland, und davon wiederum rund 30 Prozent über Pipelines durch die Ukraine. Im vergangenen Jahr hat der russische Gaskonzern Gazprom seine Lieferungen in die EU und die Türkei um 16 Prozent auf 161,5 Milliarden erhöht. Österreich verbraucht knapp 8 Milliarden Kubikmeter Erdgas pro Jahr, rund die Hälfte davon wird aus Russland importiert.[57]

Seit 2009 wird die Energieversorgung von Europa durch den Krieg zwischen Ukraine und Russland gefährdet und dieser Konflikt flammt immer wieder auf. Der Gashandel fungiert auch als politisches Druckmittel. Russland kann den Gaspreis erhöhen oder die gelieferte Gasmenge verringern, um politische Ziele und Interessen durchzusetzen, wie es das auch bei der Krimkrise im Jahr 2013 gemacht hat. Österreich hat aufgrund solcher Unsicherheiten die Gasspeicher auf 7,4 Milliarden Kubikmeter ausgebaut, was ungefähr dem Jahresverbrauch entspricht. Auf der anderen Seite sind Exporteure wie Russland natürlich auch von den Gewinnen aus dem Rohstoffhandel abhängig. Als Fazit kann man sagen, dass für jeden einzelnen Staat die Unabhängigkeit auf dem Energie- und Rohstoffsektor am wichtigsten ist.

---

[56] Fracking- Die neue Produktionsgeografie; Seite 104
[57] http://kurier.at/wirtschaft/wirtschaftspolitik/krim-krise-gasengpass-in-oesterreich-unwahrscheinlich/54.374.178 (Zugegriffen 15.11.2015)

Hier kann Fracking dazu beitragen, dass einige Länder von Importeuren zu Exporteuren aufsteigen oder zumindest autark agieren können.[58]

Die Politik steht dabei vor einer sehr großen und schwierigen Entscheidung. Einerseits schafft Fracking Unabhängigkeit, Wachstum und Sicherheit. Auf der anderen Seite gehen mit Fracking starke Umweltprobleme einher und damit eine Schädigung der Bürger, die für ein Land noch immer am wichtigsten sind, und der Natur. Man muss jedoch auch in Betracht ziehen, dass durch Fracking der Atomausstieg, aufgrund billigerer Energiequellen, attraktiver werden könnte und damit auch die Atommüllproduktion getoppt werden könnte. Erdgas ist außerdem bei der Verbrennung wesentlich umweltfreundlicher als Kohle. Das bedeutet man kann durch Fracking auch die CO_2–Belastung senken. Aber zu welchem Preis?!

Energieeffizienz spielt in der heutigen Welt eine große Rolle. Erreichen kann man sie indem die Politik - beziehungsweise die Regierung - richtige Gesetzte und Richtlinien aufstellt. Aber auch umweltfreundliche und nachhaltige Investitionen in die Infrastruktur und die Subventionsvergaben spielen eine Rolle. Wenn es gelingt dieses Potenzial zu nutzen, so hat dies großen Einfluss auf den globalen Energiebedarf und kann zur Energie-unabhängigkeit eines Landes und zu einer saubereren Umwelt beitragen. Leider machen die Investitionen und die Subventionen an konventionelle Kraftwerkswirtschaft einen viel größeren Teil aus, als jene in erneuerbare und effiziente Energien. Die Frage ist also: mehr fördern durch unkonventionelle Bohrungen oder einfach mehr sparen durch Energieeffizienz. Beispiele hierfür wären USA und Deutschland. In den USA will man durch noch mehr Förderungen mittels Fracking unabhängig werden und in Deutschland steigt man zunehmend auf regenerative Energien um. In Deutschland werden immer wieder Stimmen laut die meinen, solange man nicht autark agieren kann und schwarze Zahlen schreibe, kann man nicht über den „grünen Gedanken" reden.[59]

Da der weltweite Gashandel jetzt möglich und attraktiver wird, aber auch die Preise sinken werden, sei für die Politiker kein Anreiz mehr gegeben, grüne Energien und Technologien zu fördern beziehungsweise solche Projekte zu realisieren. Bei der 21. Klimakonferenz, die vom 30. November bis 12. Dezember 2015 stattfand, wurde in einem Abkommen beschlossen die

---

[58] vgl.http://kurier.at/wirtschaft/wirtschaftspolitik/krim-krise-gasengpass-in-oesterreich-unwahrscheinlich/54.374.178 (Zugegriffen15.11.2015)
[59] vgl. Fracking – Die neue Produktionsgeografie; Seite 106f

Erderwärmung auf unter 2 Grad Celsius zu halten. Vor allem der Ausstieg aus fossilen Energien, wie Öl, Kohle und Gas, und der weitere Ausbau erneuerbarer Energien gehören zu den Zielen dieses neuen Klimavertrags. „Der Vertrag sieht keine Sanktionen vor, und wenn sich jemand nicht daran hält, dann hält er sich nicht daran und das ist das Grundproblem", sagte Georg Kapsch, Präsident der österreichischen Industrieellenvereinigung, bei der Diskussionssendung Im Zentrum, welche am Sonntag den 13. Dezember 2015 um 22 Uhr in ORF 2 ausgestrahlt wurde. Somit stellt sich die Frage ob dieser Vertrag, der von 187 Staaten unterzeichnet wurde, überhaupt sinnvoll ist beziehungsweise wirklich eine Änderung bringt? Da die Missachtung dieses Vertrags keine Konsequenzen nach sich zieht spricht man von einem zahnlosen Abkommen. Hydraulic Fracturing widerspricht in diesem Zusammenhang den Klimazielen und dem dahinterliegenden ökologischen Gedanken.

Politiker die gleichzeitig Fortschritte bei der Verbesserung der Energieversorgungssicherheit und bei wirtschaftlichen und ökologischen Zielen erreichen wollen, stehen vor zunehmend komplexen - und sich teilweise widersprechenden - Entscheidungen.[60]

8 Fazit

Abschließend kann man sagen, dass Fracking eine hochkomplexe Fördermethode ist, welche die Energieversorgung mit Gas und Öl für viele weitere Jahre sichern kann. Für diese unkonventionelle Förderung ist jedoch ein hoher Aufwand an Technik, Chemikalien und Personal nötig.

Vor allem die Umweltverschmutzung durch die enorm giftigen und gefährlichen Chemikalien, die zum Einsatz kommen, sowie die Luftverschmutzung durch Maschinen und Schwerverkehr und der enorm hohe Wasserverbrauch machen Fracking zu einer sehr umstrittenen Methode. Trotzdem wird Fracking rund um den Globus angewendet, da dies die zurzeit einzige Möglichkeit ist einigermaßen kostengünstig große Mengen an unkonventionellen Energien zu fördern, was wiederum unser wirtschaftliches Wachstum und unseren Wohlstand sichert. Die Politik hat hier eine sehr komplexe Aufgabe, sie muss das Gleichgewicht zwischen Versorgungssicherheit und einer sauberen Umwelt schaffen. Einige Staaten haben sich für ein Frackingverbot ausgesprochen, diese wollen ihren

---

[60] Fracking- Die neue Produktionsgeografie; Seite 106

Energieverbrauch durch Atomenergie und erneuerbare Energien sichern. Die Frage ob Kernernergie oder Fracking zielführender und umweltfreundlicher ist sei dahingestellt. Außerdem ist es fraglich, ob erneuerbare Energien in kurzer Zeit auch so viel Energie liefern können wie Hydraulic Fracturing.

In Österreich gibt es kein absolutes Verbot, hier entscheidet alleine der Landwirtschaftsminister. Auf diese Art beruhigt man sowohl Fracking–Gegner als auch Befürworter, vorwiegend Unternehmen die auf günstige Energieversorgung angewiesen sind. Das Transatlantische Freihandelsabkommen könnte in Österreich Fracking dennoch durch die Hintertüre bringen. Zu einem Fracking-Verbot lassen es die Staaten in der Regel nicht kommen, da die Möglichkeit bestünde in einigen Jahren ohne Fracking nicht mehr konkurrenzfähig zu sein. HF birgt die Möglichkeit eines wirtschaftlichen und sozialen Umbruchs. Entwicklungsländer könnten zu Wirtschaftsmächten beziehungsweise Energiemächten aufsteigen. Die westlichen Industrieländer, zum Beispiel Europa, oder Energiemächte wie die Arabischen Emirate könnten einen massiven Abschwung erleben.

Quellenverzeichnis

Christiane Habich-Böcker, Beate Charlotte Kirchner, Peter Weißenberg, Fracking-Die neue Produktionsgeografie; Springer-Gabler Verlag 2014

Wolfgang Pinner, Nachhaltiges Investieren: Konkrete Themen und ihre Bewertung; Linde Verlag 2014

https://www.bmlfuw.gv.at/wasser/nutzung-wasser/Trinkwasser.html
(Zugegriffen 15.2.2016)

http://www.bmub.bund.de/service /buergerforum/haeufige-fragen-faq/faq-fracking/

(Zugegriffen 1.10.2015)

http://www.chemieonline.de/forum/showthread.php?t=202350 (Zugegriffen 11.09.2015)

http://deutsche-wirtschafts-nachrichten.de/2015/05/13/gefaehrliche-illusion-fracking-funktioniert-in-europa-nicht/ (Zugegriffen 2.11.2015)

http://derstandard.at/1332323983885/Weinviertel-Kein-Ende-im-Schiefergas-Krieg
(Zugegriffen 30.10.2015)

http://dialog-erdgasundfrac.de/bericht-reise-expertenkreis-USA/wasserverbrauch-auswirkungen-grundwasser-oberflaechengewaesser (Zugegriffen28.10.2015)

http://dialog-erdgasundfrac.de/fl%C3%A4chen-und-landschaftsbedarf-sowie-l%C3%A4rm
(Zugegriffen 28.10.2015)

http://www.format.at/wirtschaft/preisverfall-oel-saudis-5191403 (Zugegriffen 11.11.2015)

http://www.gbw.at/oesterreich/artikelansicht/beitrag/fracking-fracking-in-oesterreich/
(Zugegriffen 30.10.2015)

http://www.greenpeace.org/austria/act-schiefergas/?gclid=Cj0KEQjwkeiwBRCzmo-wiKL49pEBEiQAhvGKYSfVA0NNtCB25UlcW6zl1133zrV_ma_AZvDGzOblTk4aAqPG8P8HAQ
(Zugegriffen 30.10.2015)

http://www.handelsblatt.com/technik/energie-umwelt/studie-zur-schieferoel-foerderung-fracking-verursachte-erdbeben-in-ohio/11189624.html (Zugegriffen 28.10.2015)

http://www.handelsblatt.com/politik/international/frankreich-klage-gegen-fracking-verbot-scheitert-/8920714.html (Zugegriffen 6.11.2015)

http://www.heise.de/tp/news/Fracking-traegt-zur-Luftverschmutzung-bei-2283238.html
(Zugegriffen 1.10.2015)

http://kurier.at/wirtschaft/wirtschaftspolitik/erdgas-sauberes-fracking-vor-durchbruch/98.006.275 (Zugegriffen 30.10.2015)

http://kurier.at/wirtschaft/wirtschaftspolitik/krim-krise-gasengpass-in-oesterreich-unwahrscheinlich/54.374.178 (Zugegriffen 15.11.2015)

http://noe.orf.at/news/stories/2522179/ (Zugegriffen 30.10.2015) http://www.noen.at/nachrichten/noe/wirtschaft-verkehr/Begehrtes-Oel-aus-dem-Weinviertel;art79521,479976 (Zugegriffen 30.10.2015)

http://orf.at/stories/2215310/2215307/ (Zugegriffen 19.12.2015)

http://www.ots.at/presseaussendung/OTS_20150827_OTS0125/brunner-durch-ttip-droht-fracking-auch-in-oesterreich (Zugegriffen 30.10.2015)

http://reports.weforum.org/global-competitiveness-report-2014-2015/rankings/ (Zugegriffen 6.11.2015)

http://www.salzburg.com/nachrichten/dossier/ttip/sn/artikel/rupprecher-selbstverstaendlich-gegen-fracking-93633/ (Zugegriffen 2.11.2015)

http://www.tagblatt.ch/ostschweiz/thurgau/kantonthurgau/tz-tg/Parteien-fordern-Fracking-Verbot;art123841,3775405   (Zugegriffen 30.10.2015)

http://www.tagesspiegel.de/wirtschaft/der-fracking-boom-ist-schon-wieder-vorbei/9384674.html (Zugegriffen 12.11.2015)

https://www.umweltbundesamt.de/sites/default/files/medien/461/publikationen/k4346.pdf (Zugegriffen 19.12.2015)

http://www.unkonventionelle-gasfoerderung.de/was-ist-unkonventionelle-gasforderung/fracking/ (Zugegriffen 11.09.2015)

https://de.wikipedia.org/wiki/Hydraulic_Fracturing (Zugegriffen10.09.2015)

http://www.zeit.de/wirtschaft/2014-03/ttip-fracking   (Zugegriffen 30.10.2015)

Abkürzungsverzeichnis

EU	Europäische Union
HF	Hydraulic Fracturing
LNG	Liquefied Natural Gas
Tcf	Trillion Cubikfuß